포근포근

양모모자 만들기

아르고나인 스튜디오 저

부드러운 촉감과 포근한 양모실로
나만의 양모모자를 만들어보세요.

How to make

만드는 법

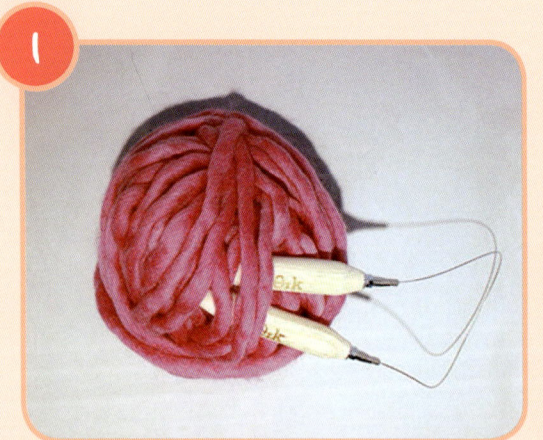

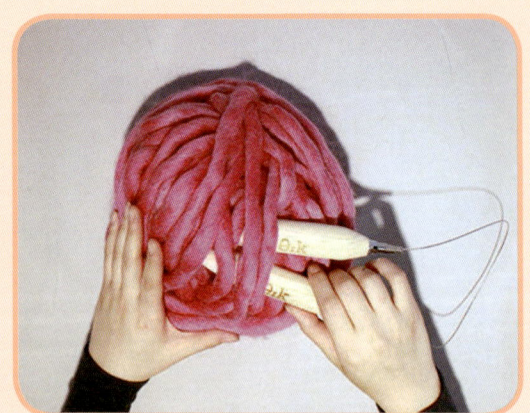

두꺼운 양모와 와이어로 이어진 25mm 대바늘을 준비합니다.

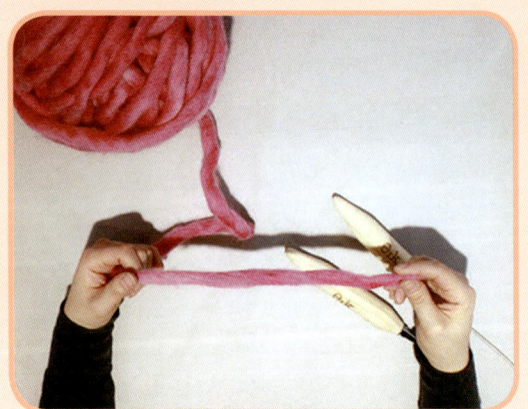

끝을 찾아 실을 풀어줍니다.

3

팔길이만큼씩 재면서 실타래를 풀어줍니다.

4

다섯 번 반복하여 팔길이의 5배 정도 실을 풀어줍니다.

초보자도 쉽게
따라할 수 있어요!

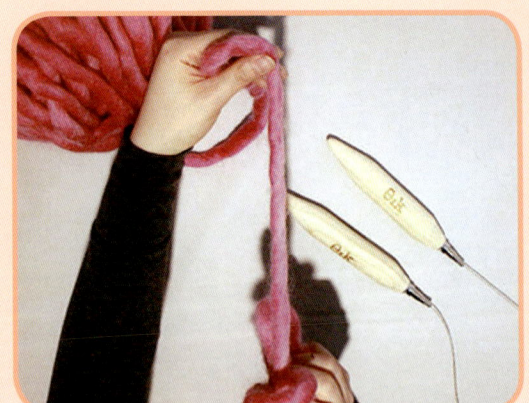

실 끝을 몸쪽으로 놓아줍니다.

오른손으로 고리 모양을 만들어 잡아줍니다.

만든 고리에 왼손을 윗쪽에서 넣어줍니다.

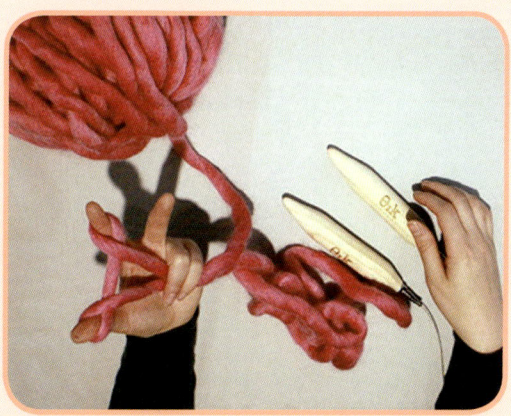

손바닥이 하늘을 보게 손을 돌려 엄지와 검지에 실을 감아준 후, 약지와 새끼손가락으로
나머지 실을 쥐어 고정합니다.

천천히
따라해 보세요.

9

 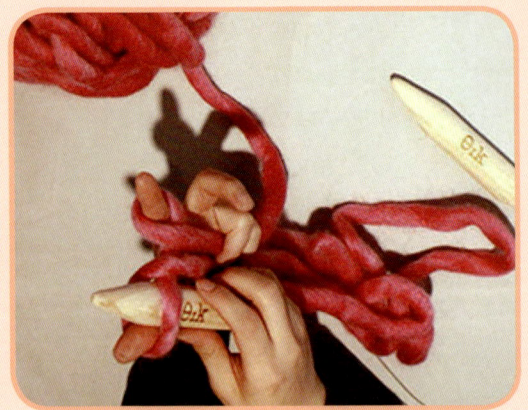

오른손에 대바늘 한쪽을 쥐고 왼손 엄지손가락 고리에 안쪽에서 끝쪽
방향으로 바늘을 넣어줍니다.

10

실을 조금 당겨 검지손가락 고리에 검지손가락 끝의 반대 방향으로
바늘을 넣어줍니다.

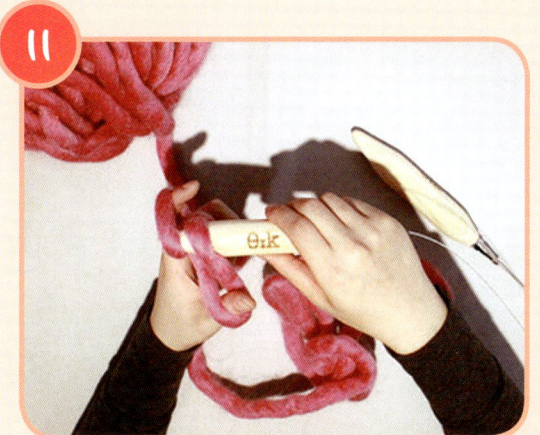
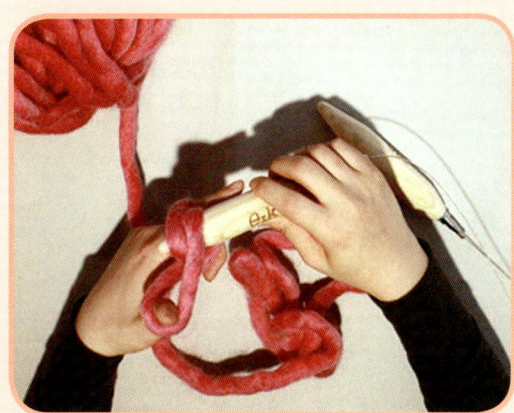

검지 고리는 그대로 놔둔 채 엄지손가락만 위로 들어 바늘에서 빼줍니다.

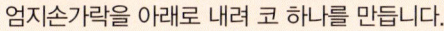
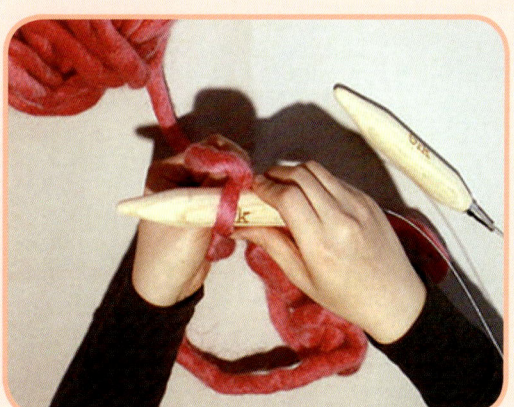

엄지손가락을 아래로 내려 코 하나를 만듭니다.

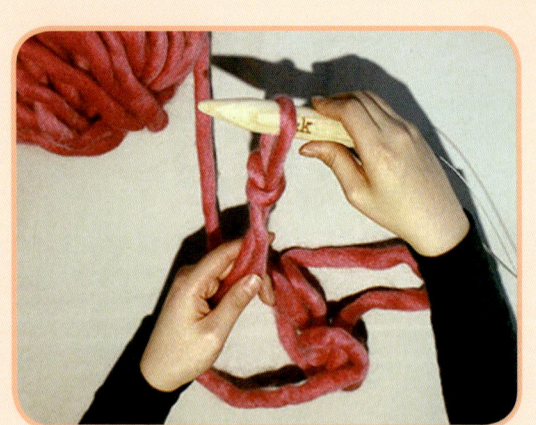

적당히 당겨 고리를 만들어주면 코 하나가 완성됩니다.

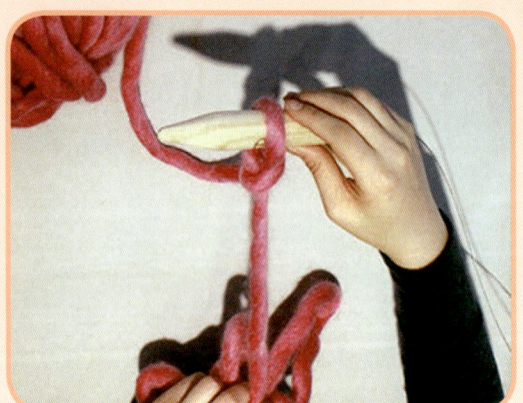

줄 끝을 몸 안쪽으로 놓고 오른손에 대바늘을 쥡니다.

15

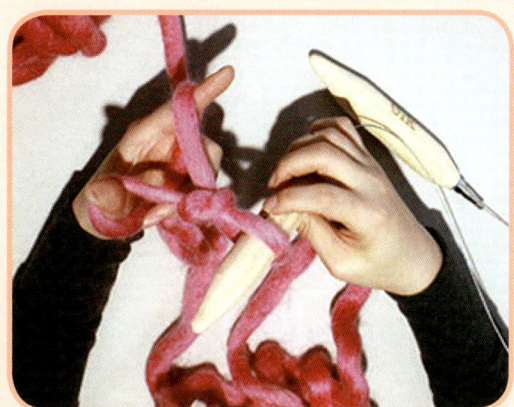

엄지와 검지 윗쪽으로 실을 놓고 손바닥이 하늘을 향하게 하여 엄지와 검지에
고리를 만들어줍니다.

16

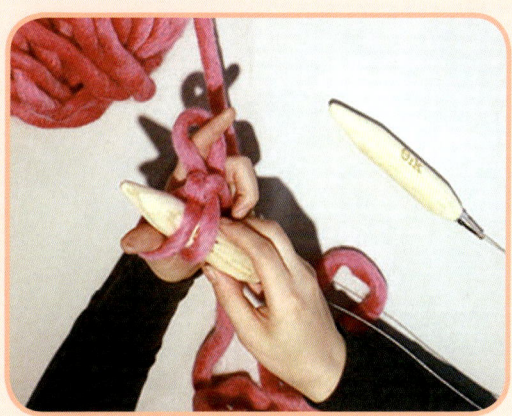

왼손은 약지와 새끼손가락으로 나머지실을 잘 쥐고, 오른손으로 바늘을 쥐고
왼손 엄지손가락 고리에 사진처럼 바늘을 넣어줍니다.

엄지와 검지를
잘 이용해 주세요.

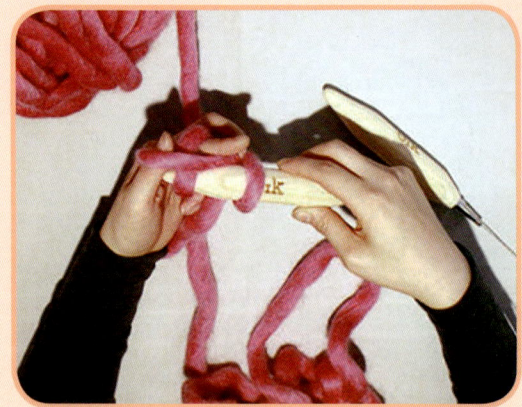

바늘을 당겨 검지 끝의 반대 방향으로 검지의 고리에 바늘을 넣어주고
엄지의 고리는 바늘 아래로 내려 풀어 줍니다.

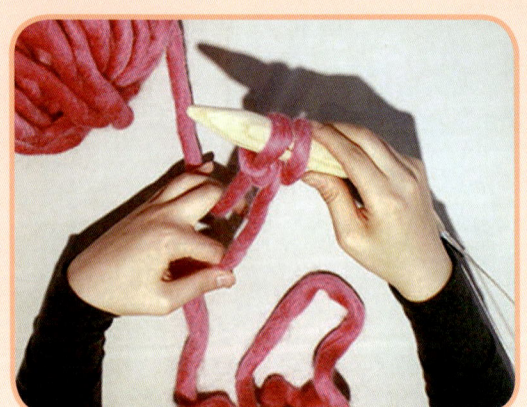

적당히 당겨 두 번째 코를 만들어줍니다.

앞의 과정(14~18)을 반복하여 총 16개의 코를 만들어줍니다.

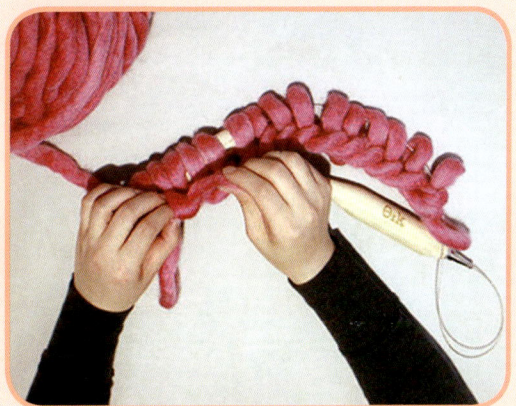

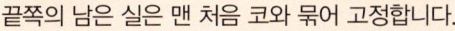

끝쪽의 남은 실은 맨 처음 코와 묶어 고정합니다.

16코는 모자의
둘레가 됩니다.

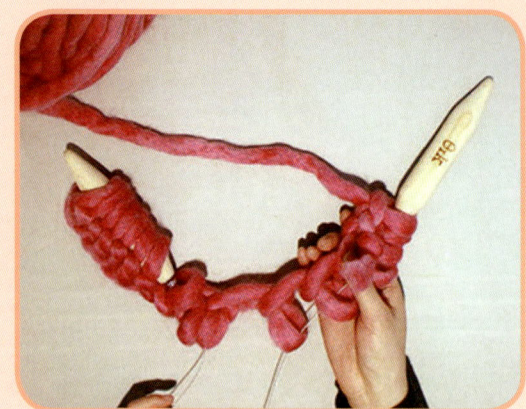

코를 당겨 와이어를 통해 양쪽 바늘에 코가 걸릴 수 있게 만들어줍니다.

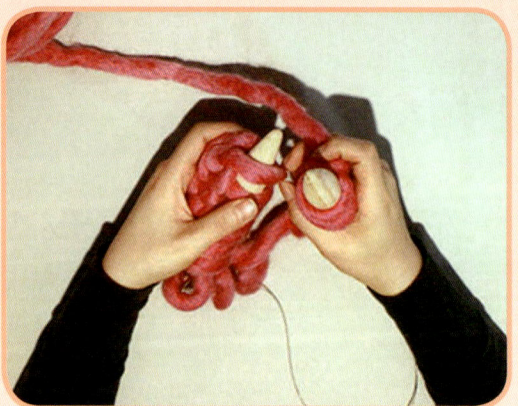

실 끝이 있는 바늘을 왼손으로 잡고 타래와 이어진 실이 있는 쪽의
바늘은 오른손으로 잡아줍니다.

23

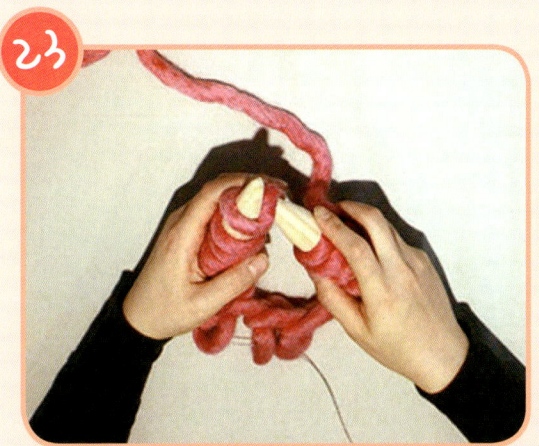
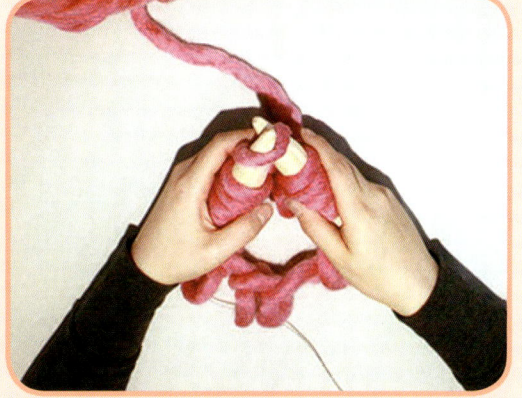

왼손 바늘의 첫 번째 코에 오른쪽 바늘을 넣어줍니다.

24

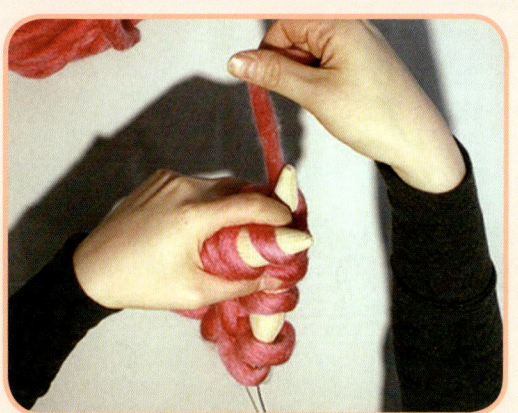

왼손으로 두 바늘을 X 자 형태로 되게 고정시키고 오른손으로
오른쪽 바늘의 실을 바깥에서 안쪽으로(시계 반대 방향) 감아줍니다.

와이어를 당겨
원형 모양으로
만들어 주세요.

25

실을 감아준 후 오른손 새끼손가락에 실을 잡아 고리가 풀리지 않게 잡아줍니다.

26

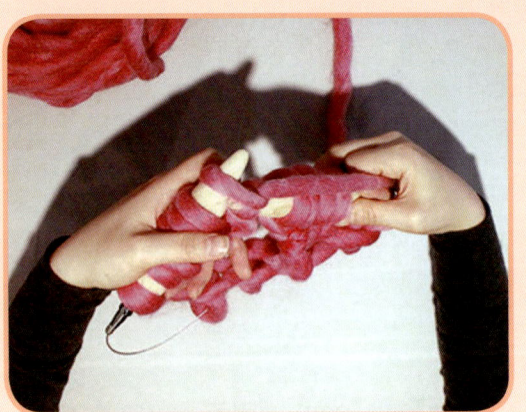

오른쪽 바늘로 고리를 걸어 아래로 당겨 걸어줍니다.

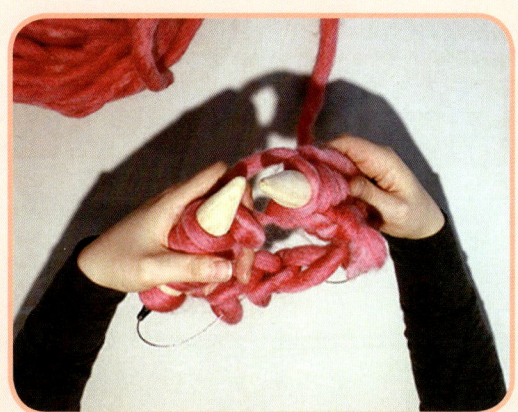

바늘을 밀어 넣어 확실히 건 후, 왼쪽 바늘의 고리를 빼줍니다.

다음 코에 오른쪽 바늘을 넣고 앞의 과정(22~27)을 반복합니다.

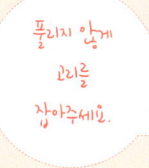

풀리지 않게
고리를
잡아주세요.

29

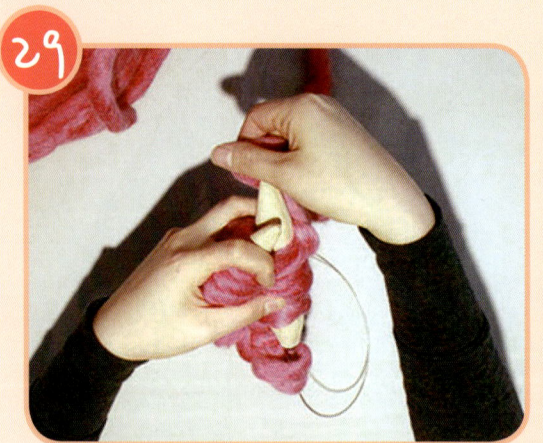

22~27을 반복합니다.

30

22~27을 반복합니다.

31

22~27을 반복합니다.

32

이렇게 16코가 될 때까지 앞의 과정(22~27)을 반복해 줍니다.

반복해서
뜨개질을 해주세요.

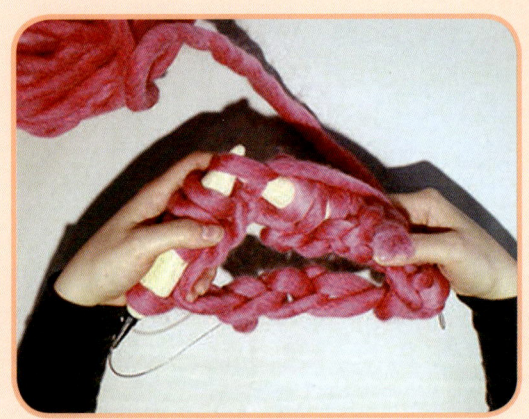

동그랗게 이어져서 한 단이 만들어집니다.

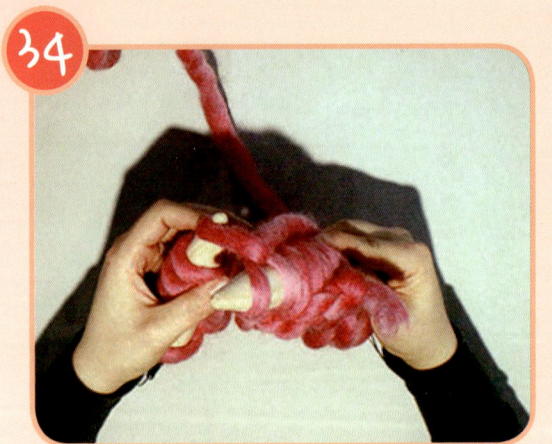
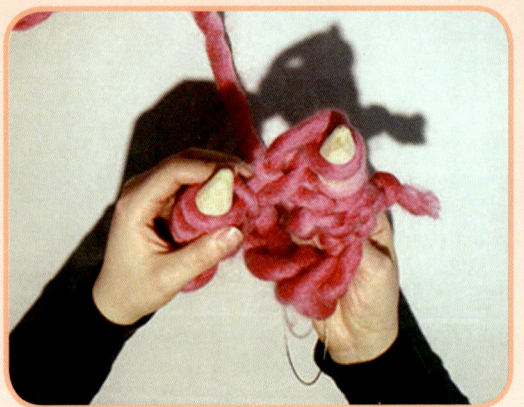

16개씩 겉뜨기를 반복하여 16단이 될 때까지 반복합니다.

네 단 정도 떴을 때의 중간 과정 모습입니다.

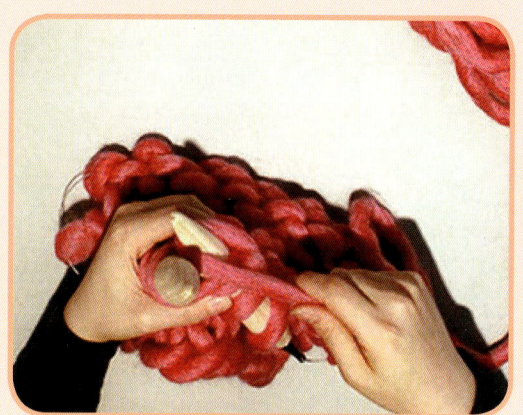

실을 돌리는 방향을 주의하면서 반복합니다.

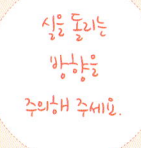

실을 돌리는
방향을
주의해 주세요.

위로 이어진 V자 모양의 개수를 세어 단 수를 세어봅니다.

모든 세로줄이 16단이 될 때까지 겉뜨기를 해줍니다.

39

16단을 다 뜨면 코 줄이기를 시작합니다.

40

일단 도면처럼 겉뜨기를 시작합니다.

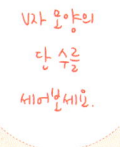

V자 모양의
단 수를
세어보세요.

겉뜨기 두 개를 해줍니다.

왼쪽 바늘에 걸린 코들을 바늘의 앞쪽으로 모아줍니다.

43

그중의 두 코를 바늘의 앞쪽으로 모아줍니다.

44

왼쪽에 모아놓은 코 두 개를 오른쪽 바늘로 걸어줍니다.

모아뜨기를
해보세요.

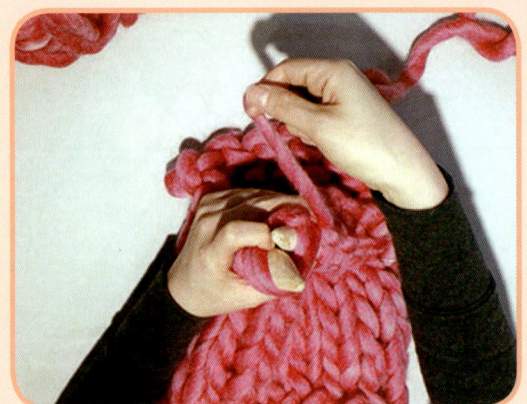

겉뜨기 하듯이 바깥쪽에서 안쪽으로 실을 돌려 걸어줍니다.

두 코의 안쪽으로 걸어준 털실을 당겨 빼줍니다.

오른쪽 바늘을 더 밀어 넣어 걸어줍니다.

떠진 왼쪽의 코 두 개를 엄지와 검지로 밀어 내어 빼줍니다.

와이어를 당겨
원형 모양으로
만들어주세요.

49

47번과 동일합니다.

50

48번과 동일합니다.

Needle work

49, 50, 51의 과정입니다.

도안을 보고 한코뜨기를 시작합니다.

도안을 보고
천천히
따라해 보세요.

53

도면에 나온 것처럼 겉뜨기를 반복해서 해줍니다.

54

모아뜨기가 포함된 단을 완성해 줍니다.

한코뜨기만 있는 단을 뜨기 시작합니다.

12번 겉뜨기를 해서 한 단을 완성합니다.

겉뜨기를
반복해 주세요.

도면을 보고 모아뜨기와 한코뜨기를 떠서 13단까지 완성해 줍니다.

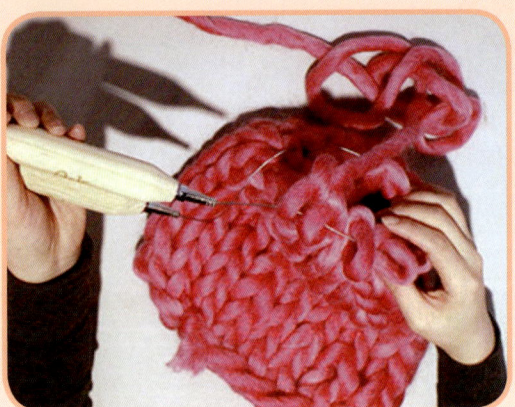

8코가 남은 상태에서 바늘 아래쪽으로 코를 밀어주어 와이어에 코가 걸리게 해줍니다.

59

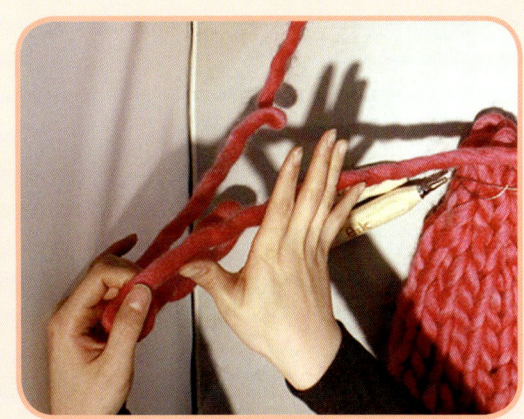

두 뼘 정도 남기고 가위로 실을 잘라줍니다.

60

털실 끝을 잘 말아서 쥐고 와이어에 걸려있는 왼쪽 코부터 시계 방향으로
털실을 코 안으로 넣어 걸어줍니다.

실을 시계 방향으로
코안으로
넣어주세요.

하나씩 계속해서 밀어 넣어줍니다.

8개를 밀어 넣어준 후 약간 당겨 모아줍니다.

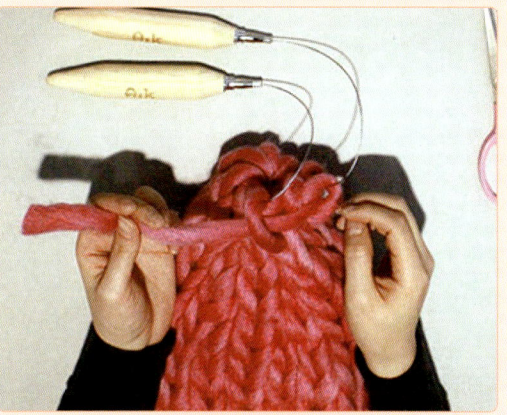

8개를 넣어준 후 시작한 코에 한 번 더 넣어줍니다.

돌려준 실에 맨 끝을 모자 가운데 구멍 안으로 넣어 당겨줍니다.

실을 잡아당겨
모아주세요.

바늘의 나사를 돌려서 눌러줍니다.

살살 돌려 와이어를 뺍니다.

67

모자와 와이어를 분리합니다.

68

모자 아랫단을 말아 올려줍니다.

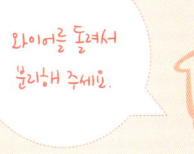
와이어를 돌려서
분리해 주세요.

안쪽에 실 끝을 잡아 당겨줍니다.

옆의 다른 실에 걸어 단단히 묶어줍니다.

손바닥을 안쪽으로 넣고 모자를 돌려가며 모양을 잡아줍니다.

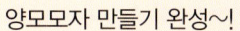

양모모자 만들기 완성~!

포근포근
양모모자가
완성되었네요.

나만의 양모모자 만들기
완성~!